材 料 提 供

シュゲール（藤久株式会社）
愛知県名古屋市名東区猪子石2-1607

タカギ繊維株式会社
京都府京都市上京区黒門通中立売下ル

トーホー（TOHO）株式会社
広島県広島市西区三篠町2-19-6
台灣地區總代理／建美貿易有限公司
台北市忠孝西路一段29巷2號
TEL：23117141
FAX：23714489

ハマナカ株式会社
京都府京都市右京区花園薮の下町2-3

御幸商事株式会社
広島県福山市御幸町上岩成749

メルヘンアート（東京川端商事株式会社）
東京都墨田区緑2-11-12

攝 影 協 力
ダイアナ　銀座本店

2006年(民95年)12月初版一刷
行政院新聞局登記證局版台業字第壹貳玖貳號
編輯：內藤　朗
發行人：黃成業
發行所：鴻儒堂出版社
地址：台北市開封街一段19號2樓
電話：02-23113810、02-23113823
傳真：02-23612334
郵政劃撥：01553001
電子信箱：hjt903@ms25.hinet.net
本書由日本ジュア社授權・鴻儒堂出版社發行
法律顧問：蕭雄淋律師
定價：150元

CONTENTS 目錄

簡便風格	2
俏麗風格	10
雅致風格	22
時髦風格	38
基本編法	46
金屬組件使用方法	55

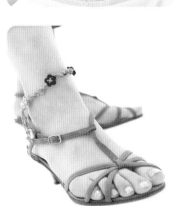

簡便風格

簡便又不落俗套的裝飾品

1 · 短項鍊

象牙色及淡褐色的自然配色顯出項鍊的質
感。並搭配規則排列的精巧珠子。項鍊中央
的花樣金屬墜飾在整體搭配上也顯得十分的
協調。

編法／第4頁
設計 · 製作＝yuming
麻繩提供＝HAMANAKA
珠子 · 組件類提供＝TOHO

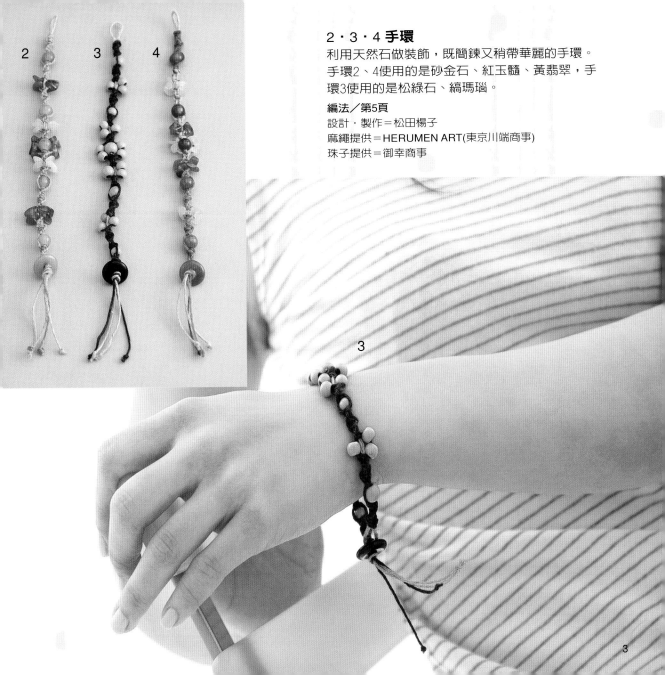

2・3・4 手環

利用天然石做裝飾，既簡鍊又稍帶華麗的手環。
手環2、4使用的是砂金石、紅玉髓、黃翡翠，手
環3使用的是松綠石、縞瑪瑙。

編法／第5頁
設計・製作＝松田楊子
麻繩提供＝HERUMEN ART(東京川端商事)
珠子提供＝御幸商事

3

1號材料 完成後長度 ＊繞頸一圈約34cm

HA：A麻繩(細・象牙色)約400cm[F-10 col.1]
HA：B麻繩(細・淡褐色)約200cm[F-10 col.3]
TO：特大混和珠(4mm)24個[BM12]
TO：木紋珠(4mm・深褐色)8個[α-191]
TO：金屬墜(古典銀)1個[α-7222]
TO：短項鍊用金屬零件(夾型6.6mm・磨沙銀matsilver)2個[α-
　　570MS]
TO：扣勾(6.6mm・銀色)1組[9-3-19S]
(一組：扣勾1個、扣環1個、連接圓環2個、整線夾2個 ※此編法
　　　不需要使用整線夾)
＊HA＝HAMANAKT(股)、TO＝TOHO(股)的商品。
＊[ ]內的英文以及數字為商品編號・色號。

＊No.1的編法

1. 將麻繩以100cm為單位裁切為數段。
2. 將2條B麻繩當作編織線，將4條A麻繩當作中心線，打一個
　　平結。
3. 將繩子分成左右各三條，將右側三條中的B麻繩排在右外側
　　打1個平結。左側三條中的A麻繩排在左方外側打1個跟右邊
　　左右對稱的平結。
4. 用最內側的2條A麻繩打1個左右結。
5. 重複步驟3，再重複步驟2。
6. 重複步驟3，在左右兩組的中心線各穿1個木紋珠，重複步
　　驟4。
7. 重複步驟3，再重複步驟2。
8. 重複步驟3，將左右兩組的中心線各穿3個特大混和珠，再
　　重複步驟4。
9. 重複步驟3，再重複步驟2。
10. 重複步驟6～9。
11. 重複步驟3，在最內側的2條A麻繩穿上1個金屬墜，重複步
　　驟3、2。
12. 以步驟8、9、6、7為一單位，重複編織2次。
13. 以步驟3、4、3的順序編織，將2條B麻繩當作編織線，4
　　條A麻繩當作中心線打一個平結。
14. 將首尾做收尾的動作(請參考插圖)。

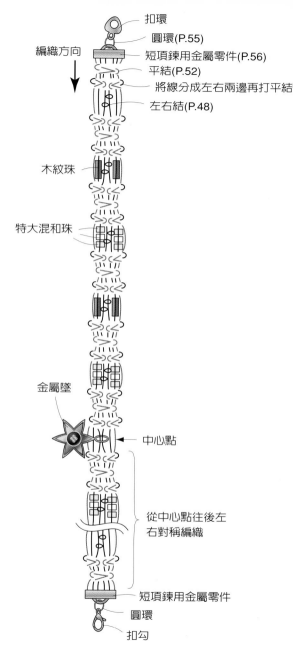

扣環
圓環(P.55)
編織方向
短項鍊用金屬零件(P.56)
平結(P.52)
將線分成左右兩邊再打平結
左右結(P.48)
木紋珠
特大混和珠
金屬墜
中心點
從中心點往後左
右對稱編織
短項鍊用金屬零件
圓環
扣勾

2號材料　完成後長度 ＊約繞手腕一圈19cm

ME：A大麻繩(細‧自然色)約50cm[321]

ME：B大麻繩(細‧槐色)約170cm[342]

ME：A能量石‧砂金石(圓型8mm)5個[AC297]

ME：B能量石‧紅玉髓(碎石狀)14個[AC402]

ME：C能量石‧黃翡翠(碎石狀)8個[AC407]

MI：天然石‧砂金石(15mm)1個[H2251/#5]

3號材料　完成後長度 ＊約繞手腕一圈19cm

ME：A大麻繩(細‧自然色)約50cm[321]

ME：B大麻繩(細‧深藍色)約170cm[348]

ME：A能量石‧松綠石(圓型8mm)4個[AC295]

ME：B能量石‧松綠石(圓型8mm)17個[AC285]

MI：天然石‧縞瑪瑙(15mm)1個[H2251/#9]

4號材料　完成後長度 ＊約繞手腕一圈19cm

ME：A大麻繩(細‧自然色)約50cm[321]

ME：B大麻繩(細‧民族風層次色調)約170cm[372]

ME：A能量石‧紅玉髓(圓型8mm)5個[AC292]

ME：B能量石‧黃翡翠(碎石狀)14個[AC407]

ME：C能量石‧紅玉髓(碎石狀)8個[AC402]

MI：天然石‧紅砂金石(15mm)1個[H2251/#12]

＊ME＝MERUMEN ART、MI＝御幸商事(股)的商品。

＊[ ]內的英文以及數字為商品編號‧色號。

＊No.2、4的編法

1.將麻繩裁切成50cm A麻繩1條以及170cm B麻繩1條。

2.將A麻繩從對折當作中心線。將B麻繩當作編織線，編10個
　右旋結。

3.在中心線穿上1個A能量石，打10個右旋結。

4.將2條編織線各穿2個能量石B，打10個右旋結。

5.在中心線穿上1個A能量石，打5個右旋結。

6.將2條編織線各穿2個能量石C，打個5右旋結。

7.在中心線穿上1個能量石A，將2條編織線各穿3個能量石
　B，打個5右旋結。

8.以步驟6、3、4、3的順序編織一次。

9.穿過天然石，用所有的線打1個單結。

10.將4條線分開各打1個單結。

＊No.3的編法

改變能量石的數量以及種類，依照上述步驟編織即可。

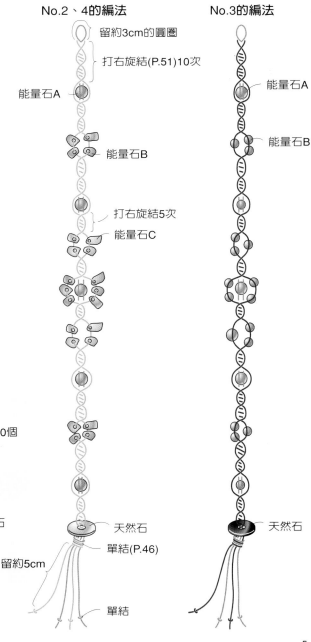

No.2、4的編法　　No.3的編法

留約3cm的圓圈

打右旋結(P.51)10次

能量石A

能量石A

能量石B

能量石B

打右旋結5次

能量石C

天然石

單結(P.46)

留約5cm

單結

天然石

6

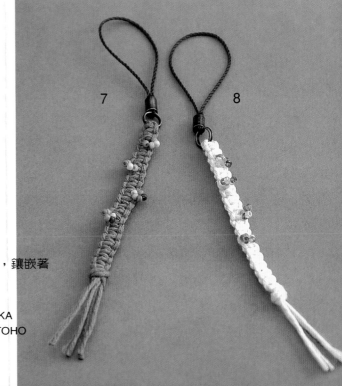

7

8

5

5・6手機吊飾

穿插著天然石球珠飾編結而成
的手機吊飾。
用9字針連結而成的天然石裝
飾部分則可拆除。

作法／第26頁
設計・製作＝yuming
麻繩提供＝HAMANAKA
珠子・組件提供＝TOHO

7・8手機吊飾

以簡單的平結編成，鑲嵌著
如花一般的小珠。

作法／第8頁
麻繩提供＝HAMANAKA
珠子・組件類提供＝TOHO

9·10戒指·腳環

褐色和無漂色組合而成的亞麻飾品，再加上貝殼組件點綴。具有躍動感的設計令人十分期待！

作法／第9頁

設計・製作＝西村明子
亞麻繩提供＝TAKAGI纖維
珠子・組件類提供＝SYUGERU
鞋子＝DIANA(DIANA 銀座本店)

9

10

7

No.7・8材料 完成後長度 ＊金屬零件以下起算長約9.5cm

HA：麻繩(細・7＝淺褐、8＝象牙色)各約190cm
[F-10 7＝col.3、8＝col.1]

TO：圓形小混珠各20個[7＝BM108、8＝BM104]

TO：固定圓環(小・古典金)各2個[α-804GF]

TO：手機吊飾組件(褐色+古典金)各1個[6-3-17]

TO：釣魚線(2號・透明)各62cm[6-11-1]

＊HA＝HAMANAKA(股)、TO＝TOHO(股)的商品。

＊[ ]內的英文以及數字為商品編號・色號。

＊No.7、8的編法

1. 裁切出1條80cm麻繩當作中心線、1條110cm麻繩當作編織線、釣魚線1條65cm。
2. 將80cm中心線以及65cm釣魚線穿過手機組件的圓環，對折。
3. 以2為中心線，從110cm編織線的中央開始打5個平結。
4. 在釣魚線上穿過5個小圓珠，打7個平結。
5. 重複步驟4共3次，再打6個平結。
6. 將釣魚線用固定圓環夾住後切斷，用4條麻繩打1個單結。

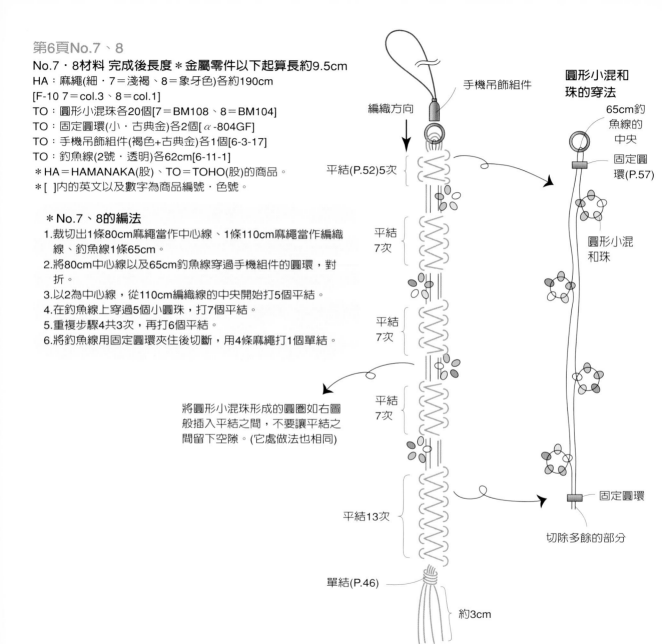

手機吊飾組件

編織方向

平結(P.52)5次

平結7次

平結7次

平結7次

平結13次

單結(P.46)

約3cm

將圓形小混珠形成的圓圈如右圖般插入平結之間，不要讓平結之間留下空隙。(它處做法也相同)

圓形小混和珠的穿法

65cm釣魚線的中央

固定圓環(P.57)

圓形小混和珠

固定圓環

切除多餘的部分

No.9・10的材料 完成後長度＊9＝約12號、10＝約繞腳踝一圈22cm

TA：A亞麻繩(無染色)9＝約140cm、10＝33cm[AC-301]
TA：B亞麻繩(褐色)9＝約80cm、10＝約270cm[AC-306]
S：貝殼材質花形組件A(1洞17mm・高瀬象牙色)No.10需3個[104701]
S：貝殼材質花形組件B(2洞17mm・高瀬象牙色)No.9需1個[104709]
S：貝殼材質花形組件C(1洞12mm・黑蝶色)9＝1個、10＝6個[104698]
S：貝殼材質圓形組件 (1洞8mm・褐蝶色)9＝1個、10＝4個[104667]
S：整線組件小(7mm・古典銅色)No.10需2個[108306]
S：C環(0.5x3x4mm・古典銅色)No.10需1個[105022]
S：扣環(6mm・古典銅色)No.10需1個[105022]
S：調整鍊(60mm・古典銅色)No.10需1個[105623]
＊TA＝TAKAGI纖維(股)、S＝SYUGERU (股)的商品。
＊[ ]內的英文以及數字為商品編號・色號。

＊No.9的編法
1.將A亞麻繩切成60、80cm共2條，將B亞麻繩切成80cm。
2.將60cmA亞麻繩穿過貝殼材質花形組件B對折。將這條亞麻繩當作中心線。
3.將80cmA亞麻繩以及 80cmB亞麻繩當作編織線，打約5cm長的左旋結。
4.將貝殼組件B穿過中心線，打一個平結。
5.將亞麻繩分成兩邊，各為2條A亞麻繩及1條B亞麻繩，各自編三線編法。
6.各自穿過貝殼組件後打一個單結(參考插圖)。

＊No.10編法
1.將A亞麻繩切成200cm、30cm、70cm各一條，B亞麻繩切成200cm、70cm各一條。
2.繩子！：將60cmA亞麻繩當作中心線，200cm A亞麻繩、200cm B亞麻繩當作編織線，打約19cm的左旋結。
3.繩子"：用70cm A亞麻繩和70cmB亞麻繩打1個單結。間隔3mm左右打一個左右結，共打58次。最後打單結。
4.將繩子！、"一起用金屬零件收尾(參考插圖)。
5.使用C環將貝殼組件C和繩子"連接在一起(參考插圖)。

No.10的做法

C環(P.55)
調整練
整線組件(P.56)
單結(P.46)
繩子"左右結(P.48)58次
繩子!左旋結(P.53)約19cm
貝殼材質圓形組件
花C
C環
圓
花C
花A
花C
花A
＝編織方向
中央
過中央後要注意左右對稱
整線組件
C環
扣環

No.9的做法

貝殼材質花形組件B

60cm A亞麻繩的中央

打左旋結(P.53)約5cm

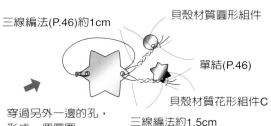

三線編法(P.46)約1cm
貝殼材質圓形組件
單結(P.46)
穿過另外一邊的孔，形成一個圓圈
貝殼材質花形組件C
三線編法約1.5cm

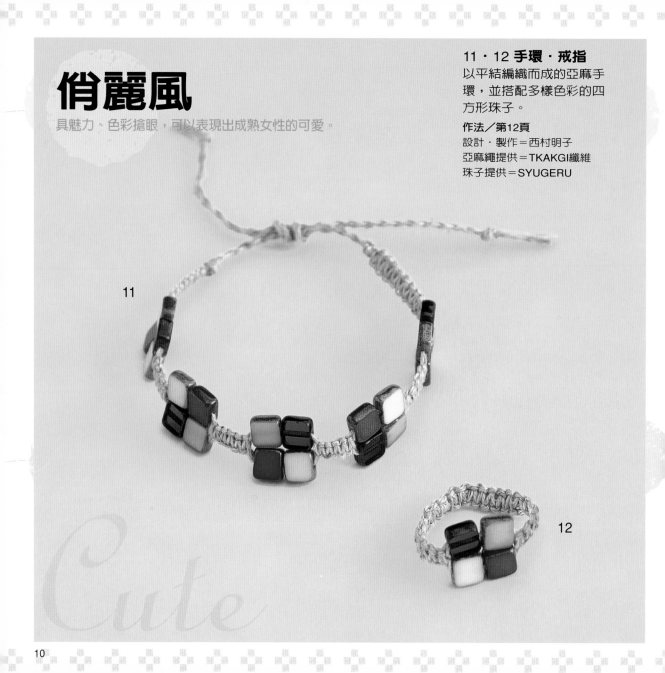

俏麗風

具魅力、色彩搶眼，可以表現出成熟女性的可愛。

11・12 手環・戒指

以平結編織而成的亞麻手環，並搭配多樣色彩的四方形珠子。

作法／第12頁
設計・製作＝西村明子
亞麻繩提供＝TKAKGI纖維
珠子提供＝SYUGERU

11

12

13 手環

帶有會搖晃的墜飾是這個手
環的重點。藏青色、象牙
色、淺褐色的搭配帶有清爽
感。

作法／第13頁
設計・製作＝河原林希世美
麻繩提供＝HAMANAKA
珠子・組件累提供＝TOHO

14

13

14 手環

右旋結的前端別上墜飾以及
流蘇，具有躍動感的設計讓
人期待。

作法／第27頁
麻繩提供＝HAMANAKA
珠子・組件累提供＝TOHO

No.11的編法

No.11 · 12的材料　完成後長度＊11＝繞手腕一圈約20cm、12＝約14號

TA：亞麻繩(無染色)11＝約320cm、12＝約160cm[AC-301]

S：平板方形珠A(5mm · 白色)11＝5個、12＝1個[171749]

S：平板方形珠B(5mm · 紅)色 11＝5個、12＝1個[171750]

S：平板方形珠C(5mm · 深藍色)11＝5個、12＝1個[171755]

S：平板方形珠D(5mm · 黃色)11＝5個、12＝1個[171757]

＊TA＝TAKAGI纖維(股)、S＝SYUGERU的商品。

＊[ ]內的英文以及數字為商品編號 · 色號。

＊No.11的編法

1.裁切亞麻繩100cm x 2條、60cm x 2條。

2.將4條亞麻繩打一個單結，編織約5cm長的圓柱四層結，再打1個單結。

3.將2條較短的亞麻繩當作中心線，打10次平結。

4.將亞麻繩分成2條為一組，各穿2個平板方形珠。

5.將2條較短的亞麻繩當作中心線，打5次平結。

6.重複步驟4、5共3次。

7.重複步驟4，打10次平結。再用4條亞麻繩合起來打一個單結。

8.編織10cm長的圓柱四層結，打1個單結。

9.在5cm圓柱四層結的位置，用10cm圓柱四層結的繩子打2個環狀結。

＊No.12的編法

1.裁切出亞麻繩100cm x 1條、30cm x 2條。

2.將短的2條亞麻繩當作中心線，留10cm開始打平結10次。

3.將亞麻繩分成2條為一組，各穿2個平板方形珠。

4.將2條較短的亞麻繩當作中心線，打5次平結。

5.暫時停止編織，用中心線測量手指的大小，用接著劑將兩端中心線相互黏住。

6.繼續編織平結直到將中心線完全隱藏住。

7.留約3mm的編織線，將編織線沿著結眼用接著劑黏住。

No.12的編法

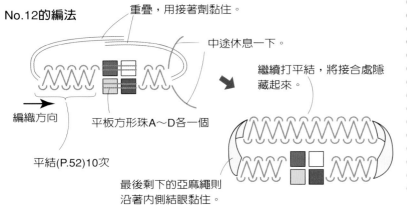

重疊，用接著劑黏住。

中途休息一下。

繼續打平結，將接合處隱藏起來。

編織方向

平板方形珠A～D各一個

平結(P.52)10次

最後剩下的亞麻繩則沿著內側結眼黏住。

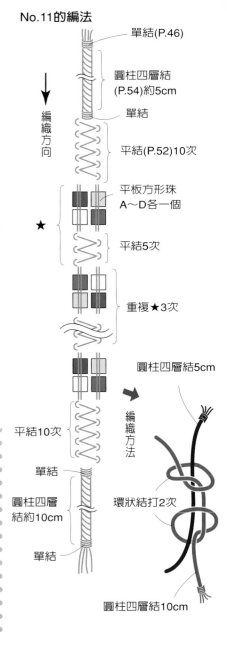

單結(P.46)

圓柱四層結(P.54)約5cm

單結

平結(P.52)10次

平板方形珠A～D各一個

★

平結5次

重複★3次

圓柱四層結5cm

編織方向

平結10次

單結

圓柱四層結約10cm

單結

環狀結打2次

圓柱四層結10cm

編織方向

No.13的材料 完成後長度 ＊約繞手腕一圈21cm

HA：A麻繩(細‧象牙色)約160cm[F-10 col.1]
HA：B麻繩(細‧淺褐色)約160cm[F-10 col.3]
HA：C麻繩(細‧藏青色)約160cm[F-10 col.9]
TO：金屬珠(古典銀色)5個[α-7202]
TO：裝飾珠(藍色)1個[α-5601]
TO：塑膠珠(8mm‧藍色)2個[α-2235/8mm]
TO：石材珠(6mm‧粉紅色)2個[α1040]
TO：整線組件(平3mm‧銀色)2個[9-91S]
TO：連接圓環(5mm‧銀色)1個[9-6-5S]
TO：調整鍊(大‧銀色)1個[9-10-2S]
TO：T針(22mm‧銀色)5個[9-9-1S]
TO：扣勾(茄型6.6mm‧銀色)1組[9-3-19S]
(一組：扣勾1個、扣環1個、連接圓環2個、
整線夾2個 ※此編法不需要使用整線夾)
＊HA＝HAMANAKA(股)、TO＝TOHO的商品。
＊[ ]內的英文以及數字為商品編號‧色號。

＊No.13的編法
1.將麻繩A～C各裁切成80cm麻繩2條共6條，打一個單結。
2.將1條麻繩A放置在編織線的最左側，將1條B麻繩放置在最右側。用剩下的4條線當中心線，打8次平結。用2條中心線穿過1顆金屬珠。
3.將1條麻繩B放置在編織線的最左側，1條C麻繩放置在最右側。用剩下的4條線當中心線，打10次平結。用2條中心線穿過1顆金屬珠。
4.將1條麻繩C放置在編織線的最左側，1條A麻繩放置在最右側。用剩下的4條線當中心線，打10次平結。用2條中心線穿過1顆金屬珠。
5.將1條麻繩A放置在編織線的最左側，1條B麻繩放置在最右側。用剩下的4條線當中心線，打10次平結。用2條中心線穿過1顆金屬珠。
6.將1條麻繩B放置在編織線的最左側，1條C麻繩放置在最右側。用剩下的4條線當中心線，打10次平結。用2條中心線穿過1顆金屬珠。
7.將1條麻繩C放置在編織線的最左側，1條A麻繩放置在最右側。用剩下的4條線當中心線，打8次平結。用6條麻繩打1個單結。
8.將兩端切約2cm，裝上金屬組件(參考插圖)。
9.在完成品中央別上組件(參考插圖)。

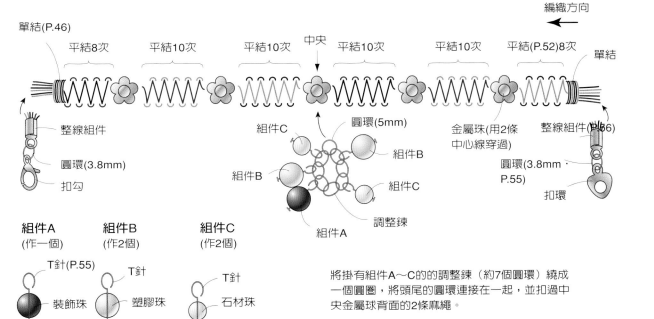

將掛有組件A～C的的調整鍊（約7個圓環）繞成一個圓圈，將頭尾的圓環連接在一起，並扣過中央金屬球背面的2條麻繩。

15 手環

設計感豐富，做成剛好貼著手腕的大小反顯得更為漂亮。

做法／第16頁

設計・製作＝奧美有紀

麻繩提供＝MERUHN ART(東京川端商事)

珠子提供＝TOHO

15

16 項鍊

穿過心型珠的圓環上掛著數
顆珠子，晃動時項鍊會發出
清脆的聲響。

做法／第17頁
設計‧製作＝河原林希世美
麻繩提供＝HAMANAKA
珠子‧組件類提供＝TOHO

16

17 項鍊

麻繩和珠子的顏色搭配十分
諧和。不會流於幼稚、又具
有成熟女性的可愛。

做法／第28頁
設計‧製作＝河原林希世美
麻繩提供＝HAMANAKA
珠子‧組件類提供＝TOHO

17

No.15的材料 完成後大小 ＊約繞手腕一圈18cm

ME：A麻繩(細·原色)約680cm[321]

ME：B麻繩(中·原色)約300cm[321]

ME：能量石·薔薇石英(碎石狀)4個[AC404]

ME：椰殼珠1個[MA2224]

TO：燈狀珠(8x 1mm·粉紅)3個[α-5891]

TO：玻璃珠(7x 6mm·綠)4個[α-6132]

＊HA＝HERUMEN ART、TO＝TOHO(股)的商品。

＊[ ]內的英文以及數字為商品編號·色號。

＊No.15的編法

1. 將B麻繩切成100cm x 3條，A麻繩切成200cm x 1條、240cm x 2條。
2. 在3條100cmB麻繩的中央部份編三線編法編4cm，對折後將麻繩分成兩邊當成中心線。
3. 首先編織項鍊中央的部分。將200cm的A麻繩當作編織線，打1個平結。
4. 在中心線上穿1個玻璃珠，打1個平結，再打2次花邊平結。
5. 在中心線上穿1個能量石，打1個平結，再打2次花邊平結。
6. 在中心線上穿1個燈狀珠，打1個平結，再打2次花邊平結。
7. 以4、6、4、6、5的順序編織，穿1個玻璃珠，打1次平結。暫時停止編織。
8. 接下來編織項鍊左右兩邊。將240cm的A麻繩當作編織線，編16cm左旋結。
9. 將左右兩邊的麻繩各取一條加入剛剛暫時停止編織的中央部份的中心線，打1次平結。
10. 將所有麻繩穿過椰殼珠。
11. 用6條B麻繩打1個單結。
12. 將A麻繩分成3條一搓，用三線編法編約1.2cm，各穿一個力量石後，用所有的線打1個單結。

花邊平結的編法

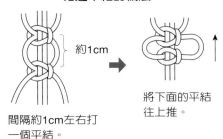

約1cm

將下面的平結往上推。

間隔約1cm左右打一個平結。

中央部分的編法

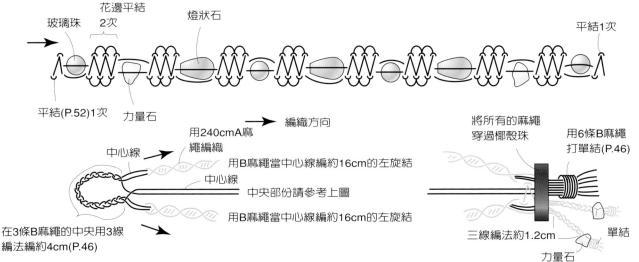

玻璃珠　花邊平結2次　燈狀石　平結1次

平結(P.52)1次　力量石

編織方向

用240cmA麻繩編織

中心線

用B麻繩當中心線編約16cm的左旋結

中心線

中央部份請參考上圖

用B麻繩當中心線編約16cm的左旋結

在3條B麻繩的中央用3線編法編約4cm(P.46)

將所有的麻繩穿過椰殼珠

用6條B麻繩打單結(P.46)

三線編法約1.2cm

力量石

單結

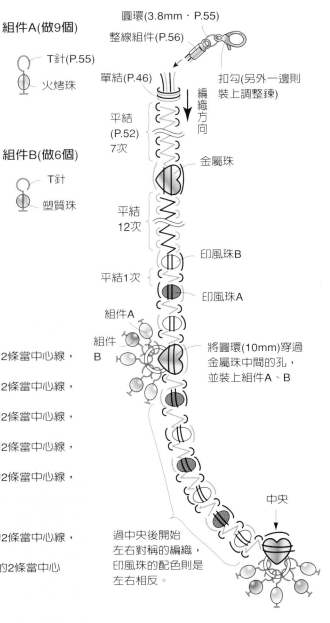

No.16的材料 完成後長度 ＊繞頸一圈約42cm

HA：A麻繩(細‧原色)約220cm[F-10 col.2]

HA：B麻繩(細‧橄欖色)約220cm[F-10 col.5]

TO：金屬珠(古典銀色)5個[α-7207]

TO：印風珠A(約7mm‧紅色)8個[α-5064/7mm]

TO：印風珠B(約7mm‧象牙色)10個[α-5065/7mm]

TO：塑質珠(圓形6mm‧混和色)6個[α-281/6mm]

TO：火烤珠(6mm‧桃紅色)9個[α-6606-48]

TO：T針(22mm‧銀色)15根[9-9-1S]

TO：連接圓環(10mm‧銀色)3個[9-6-7S]

TO：整線組件(平3mm‧銀色)2個[9-91S]

TO：調整鍊(大‧銀色)1個[9-10-2S]

TO：扣勾(茄型6.6mm‧銀色)1組[9-3-19S]

(一組：扣勾1個、扣環1個、連接圓環2個、

整線夾2個 ※此編法不需要使用扣環、整線夾)

＊HA＝HAMANAKA(股)、TO＝TOHO(股)的商品。

＊[ ]內的英文以及數字為商品編號‧色號。

＊麻繩編法

1.將麻繩各切為110cm x 2條，用4條麻繩打一個單結。

2.編織線最左側放A麻繩1條最右側放B麻繩1條，剩下的2條當中心線，
  打7次平結。在2條中心線穿1個金屬珠。

3.編織線最左側放B麻繩1條最右側放A麻繩1條，剩下的2條當中心線，
  打12次平結。在2條中心線穿1個印風珠B。

4.編織線最左側放A麻繩1條最右側放B麻繩1條，剩下的2條當中心線，
  打1次平結。在2條中心線穿1個印風珠A。

5.編織線最左側放A麻繩1條最右側放B麻繩1條，剩下的2條當中心線，
  打1次平結。在2條中心線穿1個印風珠B。

6.編織線最左側放A麻繩1條最右側放B麻繩1條，剩下的2條當中心線，
  打1次平結。在2條中心線穿1個金屬珠。

7.重複步驟4、5共3次，再做一次步驟6。

8.重複步驟7，再按照5、4、5的順序編織。

9.編織線最左側放B麻繩1條最右側放A麻繩1條，剩下的2條當中心線，
  打12次平結。在2條中心線穿1個金屬珠。

10.編織線最左側放A麻繩1條最右側放B麻繩1條，剩下的2條當中心
   線，打7次平結。用4條麻繩打1個單結。

11.將兩端切成剩約1cm，裝上金屬組件(請參考插圖)。

12.在中央的3個金屬珠上穿上組件(請參考插圖)。

組件A(做9個)

T針(P.55)

火烤珠

組件B(做6個)

T針

塑質珠

圓環(3.8mm‧P.55)

整線組件(P.56)

扣勾(另外一邊則裝上調整鍊)

單結(P.46)

編織方向

平結(P.52)7次

金屬珠

平結12次

印風珠B

平結1次

印風珠A

組件A

組件B

將圓環(10mm)穿過金屬珠中間的孔，並裝上組件A、B

中央

過中央後開始左右對稱的編織，印風珠的配色則是左右相反。

17

18 19

18 · 19
耳環 · 夾式耳環

小花形狀的銀飾配上會搖
晃的設計。平結尾端做成
流蘇。

作法／第20頁

設計 · 製作＝奧美有紀

麻繩 · 珠子提供＝MERUHEN
ART(東京川端商事)

組件提供＝TOHO

18

20 腳環

原色系的麻繩配上皮革製的
小花以及溫和色系的珠子，
更顯得可愛！

作法／第29頁

設計 · 製作＝yuming

麻繩提供＝HAMANAKA

珠子 · 組件類提供＝TOHO

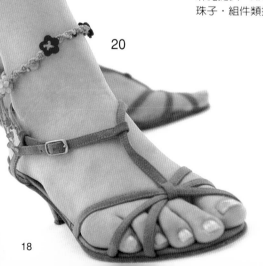

20

21・22・23
手機吊飾

運用三種顏色編織旋結而成。尾端的流蘇以及圓環、再加上五彩的珠子，感覺十分新鮮。

做法／第21頁
設計・製作＝河原林希世美
麻繩提供＝HAMANAKA
珠子・組件類提供＝TOHO

21

22

23

No.18的材料 完成後長度＊金屬組件以下起算約6cm
ME：A麻繩(細・靛藍色層次色調)約160cm[373]
ME：小花形銀飾A(銀色)2個[AC787]
ME：圓形銀飾B(銀色)2個[AC772]
TO：耳環(銀色)1組[α-546S]
No.19的材料 完成後長度＊金屬組件以下起算約6cm
ME：A麻繩(細・墨綠)約160cm[323]
ME：小花形銀飾A(銀色)2個[AC787]
ME：圓形銀飾B(銀色)2個[AC772]
TO：夾式耳環(古典銀色)1組[α-542SF]
＊ME＝MERUHEN ART、TO＝TOHO(股)的商品。
＊[ ]內的英文以及數字為商品編號・色號。

＊No.19的編法
1.將麻繩切成40cm共4條。
2.將圓環穿過耳環。將麻繩穿過圓環對折當成中心線。
3.將2條中心線麻繩如圖所示穿過耳環，使耳環和圓環更加
  靠近。
4.用40cm的麻繩當作編織線，打5次平結。
5.將4條麻繩穿過圓形銀飾B，打1個單結。
6.尾端留約3cm長度即可。

＊NO.18的編法
將耳環換成夾式耳環，照上述步驟編織即可。

No.18的做法

(正面)

圓環　　耳環

圓形銀飾B

小花形銀飾A

做法和No.19一樣，把耳環換成夾式耳環即可。因
為使用層次色調的麻繩，因此左右耳環的色彩排列
會不完全相同。

No.19的做法

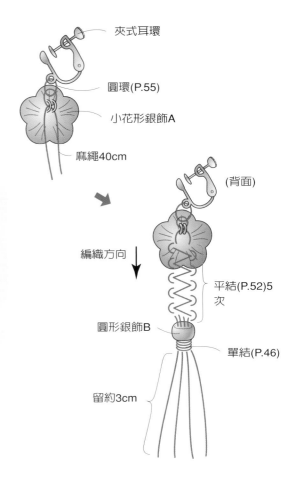

夾式耳環

圓環(P.55)

小花形銀飾A

麻繩40cm

(背面)

編織方向

平結(P.52)5
次

圓形銀飾B

單結(P.46)

留約3cm

20

No.21～23的材料　完成後長度＊金屬組件以下起算約12cm

HA：麻繩A(細・21＝淺褐色、22＝橄欖色、23＝桃紅色)各約100cm[F-10 21＝col.3、22＝col.5、23＝col.8]
HA：麻繩B(細・21＝象牙色、22＝原色、23＝淺褐色)各約100cm[F-10 21＝col.1、22＝col.2、23＝col.3]
HA：麻繩C(細・21＝藏青色、22＝褐色、23＝橄欖色)各約100cm[F-10 21＝col.9、22＝col.4、23＝col.5]
TO：裝飾珠(21＝藍色、22＝褐色、23＝粉紅色)各1個[21＝α-5601、22＝α-5602、23＝α-5600]
TO：塑膠珠(6mm・混和色)各3個[α-281/6mm]
TO：石材珠(6mm・粉紅色)各1個[α-1040]
TO：特大珠(5.5mm・21＝淡藍色、22・23＝象牙色)各6個[21＝55F、22・23＝764]
TO：連接圓環(10mm・銀色)各1個[9-6-7S]
TO：T針(22mm・銀色)各5根[9-9-7S]
TO：手機吊飾組件(淺灰色+仿古典銀)各1個[6-3-18]
＊HA＝HAMANAKA(股)、TO＝TOHO(股)的商品。
＊[　]內的英文以及數字為商品編號・色號。

＊No.21～23的編法

1. 裁切所需要的100cm麻繩數條，將手機吊飾組件連接圓環穿過6條麻繩，打一個單結。
2. 將A麻繩、B麻繩當作編織線，剩下的4條麻繩當作中心線，打8次右旋結。
3. 將2條C麻繩當作編織線，將剩下的4條麻繩當作中心線，打5次右旋結。
4. 重複步驟2、3共2次。
5. 將6條麻繩一起穿過1個圓環，打1個單結。
6. 6條麻繩分別穿1個特大珠，並打1個單結。
7. 在圓環接上組件(請參考插圖)。

組件A(做3個)　**組件B(做1個)**　**組件C(做1個)**

T針(P.55)　　　　T針　　　　　　T針

塑膠珠　　　　　石材珠　　　　　裝飾珠

・塑膠珠從混和色當中選紅、紫、綠各一個，搭配起來更好看。

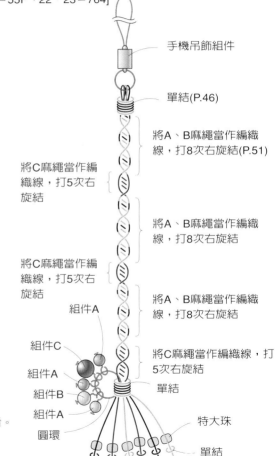

手機吊飾組件

單結(P.46)

將A、B麻繩當作編織線，打8次右旋結(P.51)

將C麻繩當作編織線，打5次右旋結

將A、B麻繩當作編織線，打8次右旋結

將C麻繩當作編織線，打5次右旋結

將A、B麻繩當作編織線，打8次右旋結

將C麻繩當作編織線，打5次右旋結

組件A

組件C

組件A

組件B

組件A

圓環

單結

特大珠

單結

24

雅致風格

使用較顯眼的珠子更顯優雅。

24 項鍊

黑色的麻繩和玻璃質感的墜飾顯得十分優雅。雙層式項鍊設計令人印象深刻。

作法・第30頁
作法・製作＝奧美有紀
麻繩・珠子提供＝HERUMEN
ART(東京川端商事)
珠子類提供＝TOHO

Elegance

25・26
項鍊・戒指

水滴形狀的墜飾選用砂金石。戒
指以紫水晶為主，和以藍色麻繩
及編織紮實的平結所構成的項鍊
十分搭配。

作法・第25／24頁
　　　　26／25頁
設計・製作＝松田陽子
麻繩提供＝HERUMEN ART(東京川端
商事)
珠子・組件類提供＝御幸商事

25

26

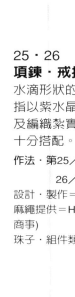

第23頁No.25

No.25的材料 完成後材料＊約繞頸一圈44cm

ME：麻繩(細・深藍色)約480cm[348]
MI：天然石A・淡瑩石(6mm)10個[H4772/6mm]
MI：天然石B・紫水晶1個[H3028]
MI：天然石C・藍砂金石1個[H2258/#6]
MI：塑膠珠(7mm・古典銀色)6個[K3671/#53]
＊ME＝MERUHEN ART、MI＝御幸商事(股)的商品。
＊[ ]內的英文以及數字為商品編號・色號。

＊No.25的編法

1. 裁切180cm麻繩2條，60cm麻繩2條。
2. 將2條60cm麻繩當作中心線，穿過天然石、塑膠珠並至於麻繩中央(請參考插圖)。
3. 用180cm麻繩共2條分別當作兩側的編織線，各打5次平結。
4. 將1顆塑膠珠穿過中心線以及編織線，在編織線上各穿過1個天然石A。
5. 打5次平結。
6. 執行步驟4，打平結25次。
7. 編織約4.5cm長的圓柱四層結，打1個單結。
8. 另外一側也以相同步驟編織。

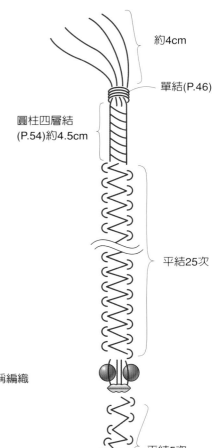

約4cm

單結(P.46)

圓柱四層結
(P.54)約4.5cm

平結25次

平結5次

天然石A

塑膠珠

平結(P.52)5次

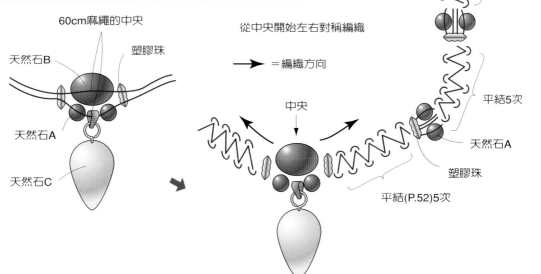

60cm麻繩的中央

天然石B

塑膠珠

天然石A

天然石C

從中央開始左右對稱編織

⟶ ＝編織方向

中央

24

第23頁No.26

No.26的材料 完成後長度＊約10號

ME：麻繩(細‧深藍色)約260cm[348]

MI：天然石‧紫水晶1個[H3028]

MI：塑膠珠(7mm‧古典銀色)2個[K-3671/#53]

MI：骨珠(4mm‧黑色)5個[H1463]

＊ME＝MERUHEN ART、MI＝御幸商事(股)的商品。

＊[ ]內的英文以及數字為商品編號‧色號。

No.26的編法

1.將麻繩裁切成200cm x 1條，60cm x 1條。

2.將60cm的麻繩當作中心線，穿上塑膠珠、天然石
　以及骨珠(參考插圖)。

3.緊鄰塑膠珠開始用200cm的麻繩當作編織線，打
　約6cm長的平結。

4.將中心線穿過一開始預留的圓圈部分，打結。

5.為了將步驟4的結眼隱藏起來，繼續打平結以覆蓋
　結眼，將剩餘的線頭藏到內側，將線頭沿著結眼
　用接著劑黏牢。

預留約5mm的圓圈

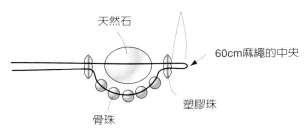
天然石

60cm麻繩的中央

塑膠珠

骨珠

編織方向

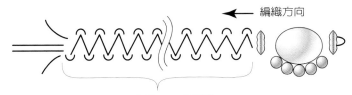

打約6cm的平結(P.52)

打到一半記得套在指頭上，以確認大小是否適當。

藏到背面

藏到背面

繼續打平結，將結眼藏住，留下約3mm
的線頭，黏到內側。

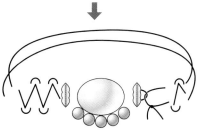

將中心線穿過之前預留的圓圈，將方才編織的平結
推實並打結，剪掉剩餘的線頭。

No.5‧6的材料 完成後長度＊金屬組件以下起算約7cm

HA：麻繩(細‧5＝褐色、6＝藏青色)各約240cm[F-10 5＝col.4、6＝col.9]

TO：天然石珠(圓珠4mm‧5＝瑪瑙、6＝薰衣草色紫水晶)各16個[5＝α-1541、6＝α-1544]

TO：釣魚線(2號‧透明色)各30cm[6-11-1]

TO：手機吊飾組件(5＝象牙色+古典金色、6＝藍色+金屬銀色)各1個[5＝6-3-16、6＝6-3-19]

TO：9字T針(30mm‧5＝古典金色、6＝銀色)3根[5＝α-516GF、6＝9-8-1S]

TO：T針(22mm‧5＝古典金色、6＝銀色)1根[5＝α-514GF、6＝9-9-1S]

TO：扣勾組(5＝古典金色、6＝銀色)1組[5＝α-501GF、6＝9-3-19S]

(1組：扣勾1個、連環1個、連接圓環2個、整線夾2個

※此編法不需要用到扣環1個、連接圓環1個、整線夾)

＊HA＝HAMANAKA(股)、TO＝TOHO(股)的商品。

＊[ ]內的英文以及數字為商品編號‧色號。

＊No.5‧6的編法

1. 將80cm麻繩1條當作中心線，將160cm麻繩1條當作編織線。
2. 將80cm中心線以及160cm編織線穿過手機吊飾的圓環，從中央對折。
3. 預留8mm後，開始打左旋結7次、右旋結7次。
4. 重複2次步驟3，穿過事先做好的珠串。
5. 重複3次步驟3，將尾端用接著劑黏妥，用剩下的麻繩打纏繞結(參考插圖)。

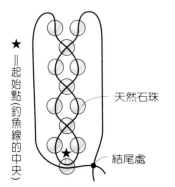

珠串(作1個)

★＝起始點(釣魚線的中央)

天然石珠

結尾處

組件A(作3個)

9字T針(P.55)

天然石珠

組件B(作1個)

T針(P.55)

天然石珠

開始編織

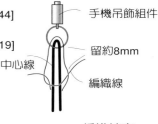

手機吊飾組件

留約8mm

中心線

編織線

編織結束

用接著劑黏合

約7mm

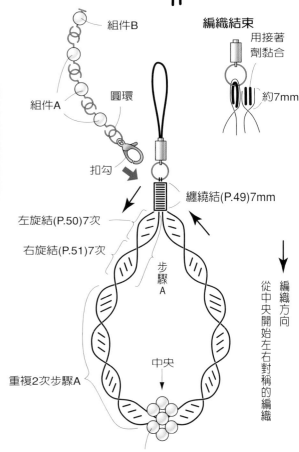

組件B

組件A

圓環

扣勾

纏繞結(P.49)7mm

左旋結(P.50)7次

右旋結(P.51)7次

步驟A

中央

重複2次步驟A

珠串

編織方向

從中央開始左右對稱的編織

第11頁No.14

No.14的材料 完成後長度 ＊約繞手腕一圈19cm

HA：麻繩A(細・原色)約180cm[F-10 col.2]
HA：麻繩B(細・褐色)約180cm[F-10 col.4]
HA：麻繩C(細・桃紅色)約180cm[F-10 col.8]
TO：金屬墜飾(古典銀色)1個[α-5600]
TO：裝飾珠(粉紅色)1個[α-5600]
TO：塑膠珠(8mm・紫色)2個[α-280/8mm]
TO：石材珠(6mm・粉紅色)1個[α-1040]
TO：特大珠(5.5mm・象牙色)6個[764]
TO：連接圓環(10mm・銀色)2個[9-6-7S]
TO：T針(22mm・古典銀色)4根[α-514SF]
TO：扣勾組件(仿古典銀)1組[α-501SF]
(1組：扣勾1個、扣環1個、連接圓環2個、整線夾2個
※此編法不需要用到扣環以及整線夾)
＊HA＝HAMANAKA(股)、TO＝TOHO(股)的商品。
＊[ ]內的英文以及數字為商品編號・色號。

＊No.14的編法

1.將準備好的3條180cm麻繩穿過圓環(10mm)對折，一起打1個單結。
2.將2條A麻繩當作編織線，剩下的4條麻繩當作中心線，打10次右旋結。
3.將2條C麻繩當作編織線，剩下的4條麻繩當作中心線，打3次右旋結。
4.將2條B麻繩當作編織線，剩下的4條麻繩當作中心線，打3次右旋結。
5.將2條C麻繩當作編織線，剩下的4條麻繩當作中心線，打3次右旋結。
6.將2條A麻繩當作編織線，剩下的4條麻繩當作中心線，打15次右旋結。
7.重複執行2次步驟3～6。
8.將2條A麻繩當作編織線，剩下的4條麻繩當作中心線，打15次右旋結。
9.將6條麻繩穿過1個圓環(10mm)，一起打1個單結。
10.6條麻繩各穿1個特大珠並打單結。
11.在圓環上裝上組件、金屬零件(參考插圖)。

編織方向 ↓

圓環(10mm)
單結(P.46)
右旋結(P.51)
用A麻繩當編織線打10次
用C麻繩當編織線打3次右旋結
用B麻繩當編織線打3次右旋結
用C麻繩當編織線打3次右旋結
步驟A
右旋結
用A麻繩當編織線打15次右旋結
重複步驟A共2次
組件A
組件C
組件B
組件A
圓環(10mm・P.55)
單結
將金屬墜飾別上圓環(3.8mm)
約3cm
特大珠
單結
將扣勾別上圓環(3.8mm)

組件A(作2個)

T針(P.55)
塑膠珠

組件B(作1個)

T針
裝飾珠

組件C(作1個)

T針
石材珠

第15頁No.17

No.17的材料 完成後長度＊約繞頸一圈45cm

HA：A麻繩(細・原色)約220cm[F-10 col.2]
HA：B麻繩(細・褐色)約220cm[F-10 col.4]
TO：金屬墜飾(古典銀色)1個[α-7222]
TO：有花樣的連接環1個[α-7051]
TO：印風珠A(7mm・象牙色)6個[α-5065/7mm]
TO：印風珠B(7mm・紫色)6個[α-5066/7mm]
TO：塑膠珠A(圓形6mm・混合色)3個[α-281/6mm]
TO：塑膠珠B(圓形8mm・粉紅色)1個[α-2231/8mm]
TO：塑膠珠C(圓形10mm・粉紅色)1個[α-2231/10mm]
TO：裝飾珠(粉紅色)1個[α-5600]
TO：石材珠(6mm・粉紅色)1個[α-1040]
TO：T針(22mm・銀色)7根[9-9-1S]
TO：連接圓環(5mm・銀色)1個[9-6-5S]
TO：連接圓環(10mm・銀色)3個[9-6-7S]
TO：整線組件(平3mm・銀色)2個[9-9-1S]
TO：調整鍊(大・銀色)2個[9-10-2S]
TO：扣勾(茄形6.6mm・銀色)1組[9-3-19S]
(1組：扣勾1個、扣環1個、連接圓環2個、整線夾2個
※此編法不需要用到扣環以及整線夾)
＊HA＝HAMANAKA(股)、TO＝TOHO(股)的商品。
＊[ ]內的英文以及數字為商品編號・色號。

＊麻繩重點編法

1. 裁切110cm麻繩各2條，用4條麻繩打一個單結。
2. 將2條B麻繩當作編織線，2條A麻繩當作中心線，打20個右旋結。
3. 用1條B麻繩以及1條A麻繩當作編織線，剩下兩條麻繩當中心線，打20次右旋結。
4. 用2條A麻繩當作編織線，剩下的2條B麻繩當作中心線，打20次右旋結。
5. 重複執行1次步驟3。用2條A麻繩穿過1個印風珠B。
6. 用2條B麻繩當作編織線，剩下的2條A麻繩當作中心線，打3次右旋結。在中心線(2條A麻繩)穿上1個印風珠A。
7. 用2條B麻繩當作編織線，剩下的2條A麻繩當作中心線，打3次右旋結。在中心線(2條A麻繩)穿上1個印風珠B。
8. 按照6、7、6的順序編織。
9. 用2條B麻繩當作編織線，剩下的2條A麻繩當作中心線，打6次右旋結。穿上有花樣的連接環，再穿1個印風珠A於2條A麻繩上。
10. 按照7、6、7、6、7的順序編織。
11. 繼續按照3、4、3、2的順序編織。用4條線打1個單結。
12. 兩端切約剩1cm，裝上金屬組件(參考插圖)。
13. 在項鍊中央別上組件(參考插圖)。

組件A(作3個)

T針(P.55)
塑膠珠

組件B(作1個)

T針
石材珠

組件C(作1個)

T針
塑膠珠B

組件D(作1個)

T針
塑膠珠C

圓環(3.8mm・P.55)
整線組件(P.56)
調整鍊(另一頭則是裝上扣勾)
單結(P.46)
用B麻繩當編織線打20個右旋結(P.51)
用A、B麻繩各1條當編織線，打20次右旋結
用A麻繩當編織線打20次右旋結
用A、B麻繩各1條當編織線，打20次右旋結
印風珠B
用B麻繩當編織線打3個右旋結
印風珠A
用B麻繩當編織線打6個右旋結，穿過有花樣的連接環
中央
圓環(10mm)
T針
塑膠珠
有花樣的連接環
圓環(10mm)
組件C
組件D
圓環(5mm)
金屬墜飾
組件B
組件A
調整鍊
圓環(10mm)

編織方向
從中央開始要左右對稱的編織

第18頁No.20

No.20的材料 完成後長度＊約繞腳踝一圈22cm

HA：麻繩(細・原色)約280cm[F-10 col.2]
TO：木質珠A(3mm・象牙色)4個[α-160]
TO：木質珠B(3mm・褐色)4個[α-161]
TO：木質珠C(3mm・淡藍色)4個[α-169]
TO：樹脂珠A(粉紅色)14個[α-2250]
TO：樹脂珠B(橘色)6個[α-2256]
TO：皮革小花(棕色)3個[α-911]
TO：釣魚線(2號・透明)各30cm[6-11-1]
＊HA＝HAMANAKA(股)、TO＝TOHO(股)的商品。
＊[ ]內的英文以及數字為商品編號・色號。

＊No.20的編法

1. 裁切80cm麻繩1條當作中心線，裁切200cm麻繩1條當作編織線。
2. 將中心線對折，留約4cm大小的圓圈，開始打10次右旋結。
3. 在編織線上穿1個樹脂珠，打5次右旋結。
4. 在編織線上穿1個木質珠，打3次右旋結。再重複執行此步驟2次。
5. 接著打7次右旋結，用中心線在皮革小花的四個孔上穿出X字型。打右旋結10次。
6. 重複步驟3～5共 2次。重複步驟3・4。
7. 打2次右旋結，做好珠串(參考插圖)，用所有的線打1個單結。
8. 在4條麻繩上各穿1個樹脂珠，打單結。

串珠(作1個)

★ ＝起始點(釣魚線的中央)

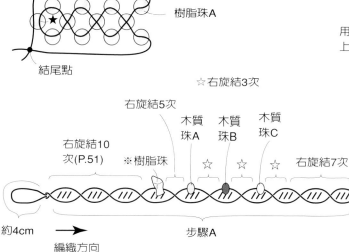

樹脂珠A

結尾點

☆右旋結3次

右旋結5次

木質珠A　木質珠B　木質珠C

右旋結10次(P.51)

※樹脂珠　☆　☆　☆　右旋結7次

用中心線在皮革小花上穿出X字型

穿上珠串

單結(P.46)

約4cm

編織方向

步驟A

步驟B

重複執行步驟A～B共2次後，再執行1次步驟A。

約2～3cm

單結

樹脂珠B

步驟A※第1、3次穿樹脂珠B，第2、4次穿樹脂珠A。

第22頁No.24

No.24的材料 完成後長度 ＊約繞頸一圈38cm

ME：A麻繩(細・黑色)約1120cm[326]
ME：薄金屬水滴形墜飾(水藍色)1個[AC673]
ME：亮面珠(7mm・水藍色)6個[AC919]
ME：亮銀環A(銀色)1個[AC771]
ME：亮銀環B(銀色)7個[AC773]
TO：螺旋整線圈(直徑5.3mm・銀色)1個[9-15-2S]
TO：扣勾(茄形6.6mm・銀色)1組[9-3-19S]
(1組：扣勾1個、扣環1個、連接圓環2個、整線夾2個
※此編法不需要用到整線夾)
＊ME＝MERUHEN ART、TO＝TOHO(股)的商品。
＊[ ]內的英文以及數字為商品編號・色號。

＊No.24的編法

1. 將麻繩裁切成100cm x 2條、200cm x 2條、80cm x 2條、180cm x 2條。
2. 用2條100cm麻繩穿過薄金屬水滴形墜飾並至於麻繩中央，對折。用4條麻繩穿過亮銀環B。這就是本體?的中心線。
3. 將2分成2條一組，用200cm麻繩當作編織線，在其中一組上打10次左旋結。
4. 在中心線上穿亮銀環B，繼續打60次作旋結。暫時停止編織。
5. 用2條80cm的麻繩穿過亮銀環A並置於中央，這就是本體?的中心線。
6. 將180cm麻繩當作編織線，打4次左旋結。
7. 在中心線上穿1個亮面珠，打4次左旋結。
8. 在中心線上穿1個亮銀環B，打4次左旋結。
9. 重複執行步驟7共2次，穿1個亮銀環B。
10. 打30次左旋結。
11. 將本體?以及本體?的麻繩合在一起，用較長的2條麻繩當作編織線，剩下的6條當作中心線。打45次左旋結。
12. 剪掉多餘的麻繩，塗上接著劑插入螺旋整線圈當中。
13. 從中央開始左右對稱的編織另外半邊。
14. 別上金屬組件(參考插圖)。

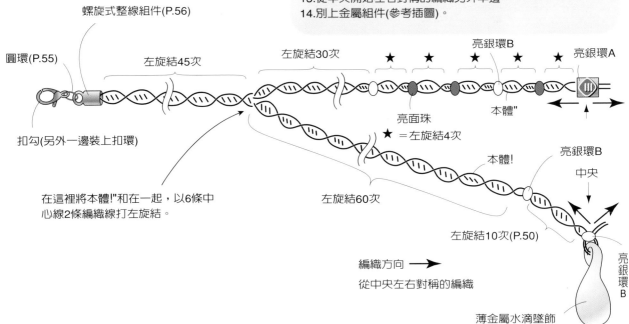

螺旋式整線組件(P.56)

圓環(P.55)

左旋結45次　　左旋結30次　　　★　★　★　★　★　亮銀環A

亮銀環B

扣勾(另外一邊裝上扣環)

本體"

亮面珠

★ ＝左旋結4次

在這裡將本體!"和在一起，以6條中心線2條編織線打左旋結。

本體!

亮銀環B

中央

左旋結60次

左旋結10次(P.50)

亮銀環B

編織方向 ━━▶

從中央左右對稱的編織

薄金屬水滴墜飾

第43頁No.34・35

No.34的材料　完成後長度＊約繞手腕一圈17cm
TA：麻繩(象牙色)約160cm[CM-661]
MI：粗孔珍珠(10mm・乳白色)1個[K252/10LH]
MI：雕刻花樣銀環(7mm・銀色)4個[K908/S]

No.35的材料　完成後長度＊約繞手腕一圈17cm
TA：麻繩(黑)約160cm[CM-662]
MI：粗孔珍珠(10mm・灰色)1個[K255/10LH]
MI：雕刻花樣銀環(7mm・銀色)4個[K908/S]

＊TA＝TAKAGI纖維(株)、MI＝御幸商事(股)的商品。
＊[　]內的英文以及數字為商品編號・色號。

＊NO.34・35的編法
1.裁切80cm麻繩2條。
2.將80cm麻繩當作中心線，另外一條80cm麻繩當作編織線。
3.將中心線對折，預留3cm圓圈，接著開始打5次平結。
4.間隔1.2cm，中心線和編織線對調，打5次平結。
5.重複步驟4共4次，將所有麻繩一起穿過粗孔珍珠1個。
6.將麻繩分成2條一組，打結(參考下圖做法)。
7.將4條麻繩一一分開，各打1個單結。穿1顆雕刻花樣銀環，
　再打1個平結。

留約3cm的圓圈

編織方向

打平結(P.52)5次

步驟A

將編織線和中心線對調，留1.2cm的間隔

重複步驟A共4次

平結5次

2條唯一組，將繩子分成2組打結(參考左圖)

粗孔珍珠

約3cm

單結(P.46)

雕刻花樣銀環

單結

約1cm

粗孔珍珠

用編織線和中心線各2條，依照下圖打結。

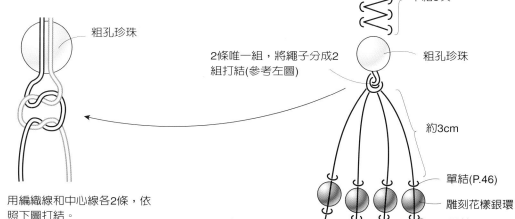

第43頁No.36

No.36的材料 完成後長度 ＊從金屬組件以下開始計算約11cm

TA：A麻繩(原色)約290cm[AC-301]

TA：B麻繩(黑色)約200cm[AC-308]

S：金屬組件A(星形20 x 14mm・銀色)1個[104275]

S：金屬組件B(半月形18 x 10mm・銀色)1個[104277]

S：金屬組件C(花形17 x 12mm・銀色)1個[104121]

S：整線組件小(7mm・銀色)1個[105004]

S：圓環(0.6 x 3mm・銀色)3個[168251]

S：圓環(0.8 x 6mm・銀色)1個[168257]

S：手機吊飾組件・附圓環(5cm・銀色)1個[105497]

＊TA＝TAKAGI纖維(株)、S＝SUGERU的商品。

＊[ ]內的英文以及數字為商品編號・色號。

＊No.36的編法

1.裁切200cmA麻繩1條、30cm麻繩3條，裁切200cmB麻繩1條。

2.將3條30cmA麻繩當作中心線。將200cmA麻繩以及200cm B麻繩當作編織線，編約16cm長的左旋結。

3.將兩端用整線組件夾緊。(參考插圖)

4.在尾端部分加上金屬組件(參考插圖)。

加上組件的方法

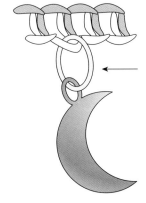

將麻繩和麻繩之間的
空隙稍微拉開一點，
別上圓環。

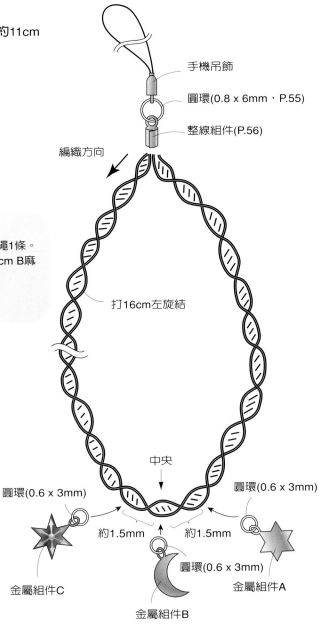

手機吊飾

圓環(0.8 x 6mm・P.55)

整線組件(P.56)

編織方向

打16cm左旋結

中央

圓環(0.6 x 3mm)

圓環(0.6 x 3mm)

約1.5mm   約1.5mm

圓環(0.6 x 3mm)

金屬組件C

金屬組件B

金屬組件A

No.9的材料　完成後長度＊約繞手腕一圈17cm
ME：麻繩(細・藍色)約300cm[347]
MI：塑膠珠(22 x 13mm)1個[K1831/#154]
MI：壓克力多面珠(8mm)6個[K274/#331]
No.30的材料　完成後長度＊約繞手腕一圈17cm
TA：麻繩A(黃色)約100cm[CM-664]
TA：麻繩B(綠色)約100cm[CM-665]
TA：麻繩C(紫色)約100cm[CM-666]
MI：塑膠珠(22 x 13mm)1個[K1831/#156]
MI：壓克力多面珠(8mm)6個[K724/#334]
＊TA＝TAKAGI纖維(株)、ME＝MERUHEN ART、
MI＝御幸商事(株)的商品。
＊[ ]內的英文以及數字為商品編號・色號。

　＊No.29的編法
1.裁切100cm麻繩3條。
2.在中央部位編織約3cm長的三線編法，對折形成一個圓圈
　後，用所有的線打1個單結。
3.將麻繩分成2條1組，編約14cm長的三線編法。
4.用所有的麻繩打1個單結，在其中一條麻繩上穿1顆塑膠
　珠，再用所有的麻繩打1個單結。
5.將6條麻繩分開各打1個單結並穿上一顆壓克力多面珠，再
　打1個單結。尾端留約1.5cm。
　＊No.30的重點編法
1.將麻繩改成使用三種不同的顏色編織，每種顏色各切
　100cm，按照上述步驟進行即可。

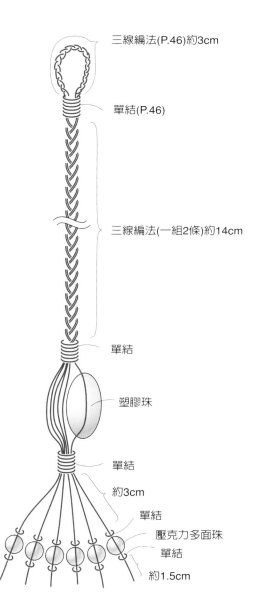

三線編法(P.46)約3cm

單結(P.46)

三線編法(一組2條)約14cm

單結

塑膠珠

單結

約3cm

單結

壓克力多面珠

單結

約1.5cm

27

28

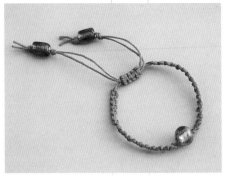

27・28
項鍊・手環
紅色的麻繩搭配紅色的玻璃珠。
顏色搭配十分搶眼。

作法第27／36頁

28／37頁

設計・製作＝綠川紀久子
麻繩提供＝TAKAGI纖維
珠子提供＝御幸商事

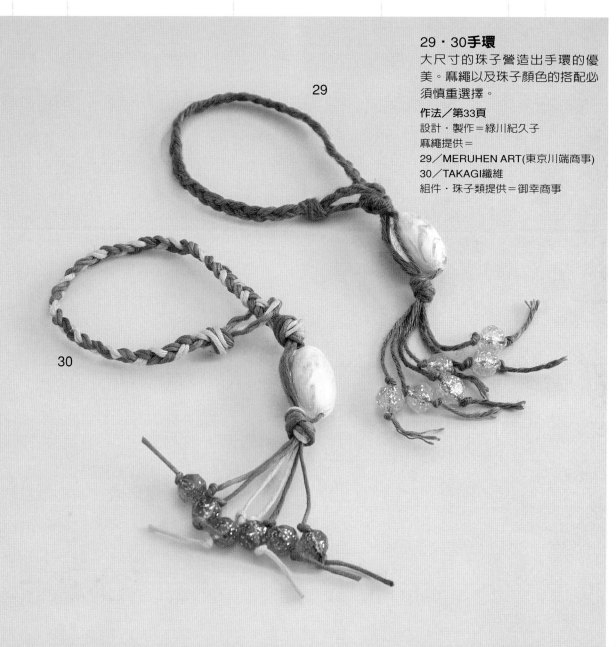

29

30

29・30手環

大尺寸的珠子營造出手環的優美。麻繩以及珠子顏色的搭配必須慎重選擇。

作法／第33頁

設計・製作＝綠川紀久子

麻繩提供＝

29／MERUHEN ART(東京川端商事)

30／TAKAGI纖維

組件・珠子類提供＝御幸商事

No.27的材料　完成後長度 ＊約繞頸一圈68cm

TA：麻繩(紅色)約500cm[CM-663]
MI：紅色透明玻璃珠A(長方形‧紅色)9個[H1537]
MI：紅色透明玻璃珠B(心型‧紅色)2個[H4817]
＊TA＝TAKAGI纖維(株)、MI＝御幸商事(株)的商品。
＊[ ]內的英文以及數字為商品編號‧色號。

＊No.27的編法

1.裁切220cm麻繩2條，60cm麻繩1條。
2.用60cm麻繩穿過紅色透明玻璃珠(參考插圖)。這是用來做
　流蘇的部分。
3.將220cm的麻繩對折，套在流蘇與項鍊本體連接的地方。
　接下來就是進行本體的編織。
4.將麻繩分成2條1組，各打約36cm的左右結，各打一個單
　結。

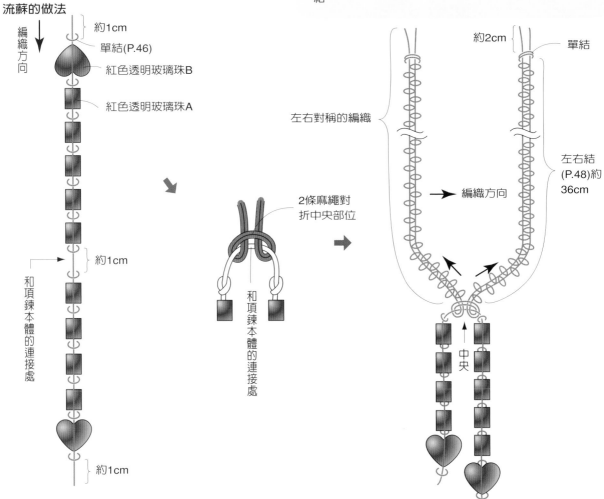

流蘇的做法

編織方向

約1cm
單結(P.46)
紅色透明玻璃珠B
紅色透明玻璃珠A

約1cm

和項鍊本體的連接處

約1cm

2條麻繩對折中央部位

和項鍊本體的連接處

左右對稱的編織

約2cm
單結

編織方向

左右結(P.48)約36cm

中央

No.28的材料　完成後長度 ＊約繞手腕一圈19～26cm

TA：麻繩（紅色）約230cm[CM-663]
MI：紅色透明玻璃珠A(長方形・紅色)2個[H1537]
MI：紅色透明玻璃珠B(圓形・紅色)1個[H4831]
＊TA＝TAKAGI纖維(株)、MI＝御幸商事(株)的商品。
＊[ ]內的英文以及數字為商品編號・色號。

＊No.28的編法

1. 裁切100cm麻繩2條，30cm麻繩1條。
2. 在1條100cm麻繩穿紅色透明玻璃珠B並至於中央，和另一條100cm麻繩並列。
3. 以紅色透明玻璃珠B為起點，打約7cm的左右結，間隔6cm打一個單結。
4. 將紅色透明玻璃珠A穿過其中一條麻繩，用2條麻繩一起打1個單結。
5. 另外一邊則照步驟3、4編織。
6. 將尾端交錯重疊，將重疊的4條麻繩當作中心線，用30cm麻繩1條當作編織線打5次平結。
線尾藏到背面並用接著劑沿著結眼黏貼。

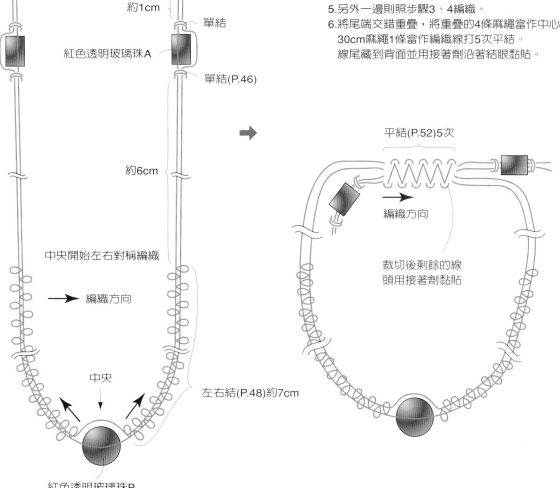

約1cm

單結

紅色透明玻璃珠A

單結(P.46)

約6cm

中央開始左右對稱編織

→ 編織方向

中央

左右結(P.48)約7cm

紅色透明玻璃珠B

平結(P.52)5次

→ 編織方向

裁切後剩餘的線頭用接著劑黏貼

時髦風格

以裝扮的巧思吸引他人目光，
成熟女性的裝飾品。

31 項鍊

骨珠散發的自然感和麻繩
的搭配可說天衣無縫。設
計豐富，且故意做的比一
般項鍊短。

做法／第40頁
設計・製作＝松田陽子
麻繩提供＝MERUHEN
ART(東京川端商事)
珠子・組件類提供＝御幸商事

Chic

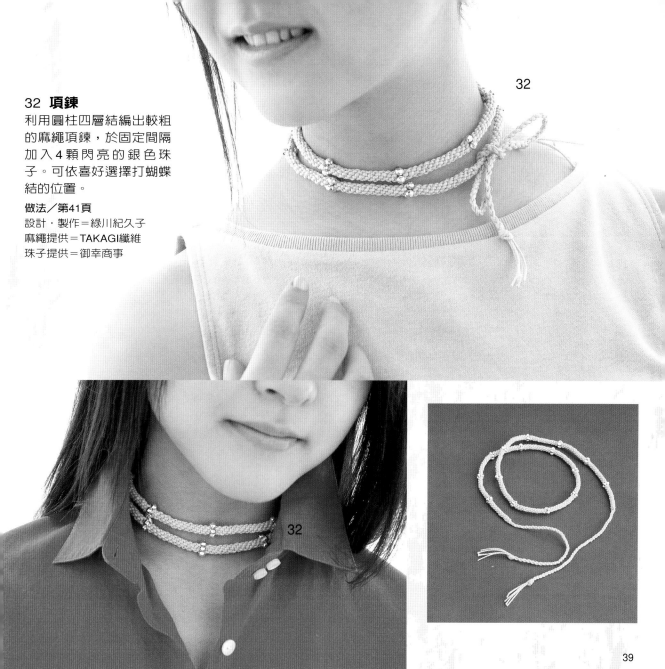

32 項鍊

利用圓柱四層結編出較粗
的麻繩項鍊,於固定間隔
加入4顆閃亮的銀色珠
子。可依喜好選擇打蝴蝶
結的位置。

做法／第41頁
設計・製作＝綠川紀久子
麻繩提供＝TAKAGI纖維
珠子提供＝御幸商事

32

32

第38頁No.31

No.31的材料 完成後長度＊頸圍40cm

ME：麻繩A(細‧墨綠色)約460cm[323]
ME：麻繩B(細‧粉紅色)約280cm[342]
MI：骨珠A(40 x 45mm)1個[FH2091]
MI：骨珠B(12mm)1個[FH2143]
MI：骨珠C(7～8mm)10個[H2116]
MI：骨珠D(4mm)6個[H1463]
MI：塑膠珠A(7mm‧古典銀色)3個[K3671/#53]
MI：塑膠珠B(8 x 6mm‧古典銀)2個[K3672/#53]
＊ME＝MERUHEN ART、MI＝御幸商事(株)的商品。
＊[ ]內的英文以及數字為商品編號‧色號。

＊No.31的編法

1. 裁切2條180cm、2條 50cmA麻繩，2條 140cm B麻繩。
2. 將2條180cmA麻繩以及2條140cm B麻繩對折。將對折處稍微穿過塑膠珠A，穿過一小段麻繩即可。這部分是項鍊本體。
3. 用2條50cmA麻繩穿過B麻繩在塑膠珠A的一側形成的線圈後對折，打1個單結。這部分要拿來當流蘇。
4. 取項鍊本體用A麻繩2條、B麻繩2條穿過1顆骨珠B。再將項鍊本體用麻繩分成2條A麻繩和2條B麻繩為一組，各組各穿過1個塑膠珠A。
5. 將2條A麻繩當作編織線，2條B麻繩當作中心線，打14次右旋結。
6. 取1條A麻繩穿過1顆C骨珠。打14次右旋結。
7. 重複步驟6一次，打約12cm的圓柱四層結。用4條麻繩穿過塑膠珠B，打一個單結。
8. 另外一編則重複執行步驟5～7即可。
9. 流蘇部分的編法則是將4條麻繩分成1條1組，穿過骨珠後打單結。(參考插圖)

從中央開始左右對稱編織

→ 編織方向

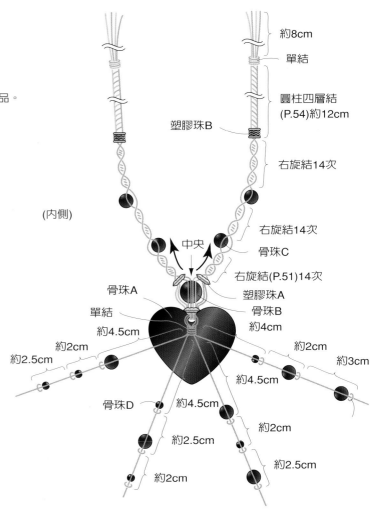

約8cm
單結
圓柱四層結(P.54)約12cm
塑膠珠B
右旋結14次
(內側)
右旋結14次
中央
骨珠C
右旋結(P.51)14次
骨珠A
塑膠珠A
單結
骨珠B
約4.5cm
約4cm
約2cm
約2cm
約2.5cm
約3cm
約4.5cm
骨珠D
約4.5cm
約2cm
約2.5cm
約2.5cm
約2cm

第39頁No.32
No.32的材料　完成後長度＊約113cm
TA：麻繩(象牙色)約1600cm[CM-661]
MI：塑膠珠(4mm‧銀色)60個[FK3611/#54]
＊TA＝TAKAGI纖維、MI＝御幸商事(株)的商品。
＊[ ]內的英文以及數字為商品編號‧色號。

＊No.32的編法
1.裁切4條400cm的麻繩
2.用4條400cm麻繩在繩子的其中一端打1個單結。
3.打17cm的4線編法。
4.打4cm的圓柱四層結，在每一條麻繩上各穿1個
　塑膠珠。
5.重複步驟4共14次，在打4cm的圓柱四層結。
6.打17cm的4線編法，用所有麻繩打1個單結。

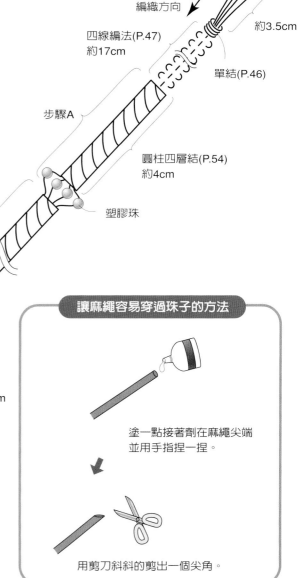

編織方向

約3.5cm

四線編法(P.47)
約17cm

單結(P.46)

步驟A

圓柱四層結(P.54)
約4cm

塑膠珠

執行步驟A共14次

圓柱四層結約4cm

單結

四線編法約17cm

約3.5cm

讓麻繩容易穿過珠子的方法

塗一點接著劑在麻繩尖端
並用手指捏一捏。

用剪刀斜斜的剪出一個尖角。

33 項鍊

如同鍊子般連接在一起的
麻繩，選擇的金屬珠極具
裝飾效果。項鍊整體的色
系感覺十分時髦。

作法／第44頁
設計・製作＝yuming
麻繩提供＝HAMANAKA
珠子・組件類提供＝TOHO

33

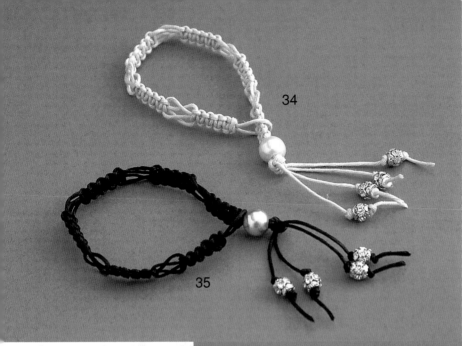

34

35

34・35 手環

珍珠和雕刻花樣的銀環為麻繩加分。黑色或象牙色系的麻繩手環，連正式的場合都可以佩帶。

作法／第31頁
設計・製作＝綠川紀久子
麻繩提供＝TAKAGI纖維
珠子提供＝御幸商事

36 手機吊飾

選擇2種色系的麻繩編織旋結，讓整體看起來更漂亮。除此之外還搭配星星以及月亮組件。

作法／第32頁
設計・製作＝西村明子
麻繩提供＝TAKAGI纖維
珠子・組件類提供＝SUGERU(藤久)

37 手機吊飾

使用纖細的麻繩編織左右結，和閃耀著光輝的珠子十分搭配。

作法／第45頁
設計・製作＝西村明子
麻繩提供＝TAKAGI纖維
珠子・組件類提供＝SUGERU(藤久)

36

37

43

第42頁No.33

No.33的材料 完成後長度＊約繞頸一圈58cm

HA：麻繩(細・原色)約220cm[F-10 col.2]

TO：三角形金屬組件(古典金色)1個[α-7246GF]

TO：金屬珠A(6mm・古典金色)3個[α-7167]

TO：金屬珠B(3×8mm・古典金色)10個[α-7172]

TO：花樣珠A(平12×12mm・紫色)1個[α-5630]

TO：花樣珠B(圓形8mm・灰色)1個[α-5624]

TO：鍊子(古典金色)約7cm[α-653GF]

TO：9字針(30mm・古典金色)2根[α-516GF]

TO：T針(22mm・古典金色)2根[α-514GF]

＊HA＝HAMANAKA、TO＝TOHO(株)的商品。

＊[　]內的英文以及數字為商品編號・色號。

＊No.33的編法

1.裁切2條110cm麻繩。

2.將1條110cm麻繩穿過三角形金屬組件並對
折，待會另一邊也用同樣的方法進行編織。

3.用2根麻繩穿過1個金屬珠B，打1個左右結。

4.間隔8mm後打1個左右結。

5.重複4次步驟3和4，接著重複步驟4共13次。

6.最後依照插圖結尾。

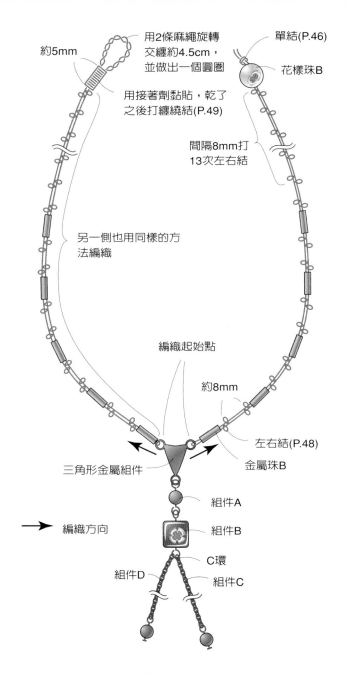

組件A(作1個)
9字針(P.55)
金屬珠A

組件B(作1個)
9字針
花樣珠A

組件C(作1個)
鍊子(P.57)4cm
T針(P.55)
金屬珠A

組件D(作1個)
鍊子3cm
T針
金屬珠A

約5mm

用2條麻繩旋轉
交纏約4.5cm，
並做出一個圓圈

單結(P.46)

花樣珠B

用接著劑黏貼，乾了
之後打纏繞結(P.49)

間隔8mm打
13次左右結

另一側也用同樣的方
法編織

編織起始點

約8mm

左右結(P.48)

金屬珠B

三角形金屬組件

編織方向

組件A

組件B

C環

組件D

組件C

第43頁No.37

No.37的材料 完成後長度＊金屬組件以下起算約8cm

TA：麻繩A(褐色)約120cm[AC-306]
S：E珠A(5mm・深藍色)5個[156405]
S：E珠B(5mm・褐色)4個[156406]
S：E珠C(5mm・青銅色)1個[156407]
S：整線組件小(7mm・仿古典銅器褐色)1個[108306]
S：C環(0.5 x 3 x 4mm・仿古典銅器褐色)1個[105075]
S：手機吊飾組件(5cm・仿古典銅器褐色)1個[105499]
＊TA＝TAKAGI纖維、S＝SUGERU(株)的商品。
＊[ ]内的英文以及數字為商品編號，色號。

＊No.37的編法
 1.將120cm麻繩對折，打單結。
 2.每間隔3mm打左右結，共打3次。
 3.用其中1條麻繩穿過E珠，打左右結3次。(珠子的顏色請參考
  插圖)
 4.重複步驟3共13次後打單結，最後裝上金屬組件。(參考插圖)

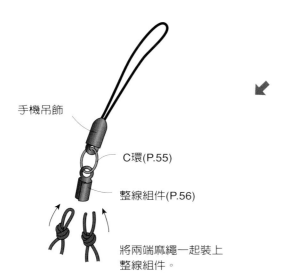

手機吊飾

C環(P.55)

整線組件(P.56)

將兩端麻繩一起裝上
整線組件。

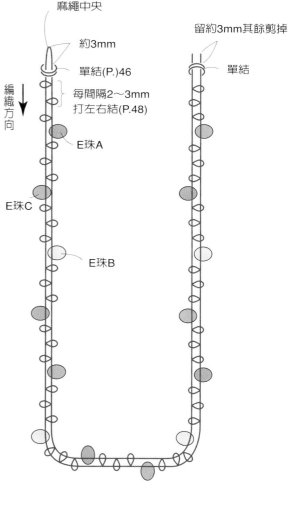

麻繩中央

約3mm

單結(P.)46

每間隔2～3mm
打左右結(P.48)

留約3mm其餘剪掉

單結

E珠A

編織方向

E珠C

E珠B

基本編法

 ## 單結

繞一圈打結即可。多條時也是以同樣方法打結。

*1.*把線繞一圈打結。

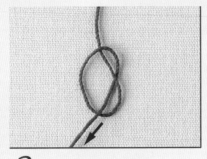

*2.*拉住一端,把線拉緊。

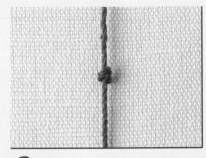

*3.*完成。

 ## 三線編法

多運用於項鍊或手環圓圈部分的基本編法。

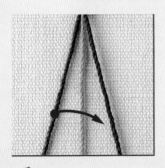

*1.*3條繩子中,將左邊那條放到右邊2條線的中間位置。

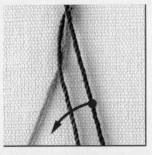

*2.*將最右邊的繩子放到左邊2條線的中間位置。

*3.*重複步驟1、2。

*4.*完成。

四線編法

和三線編法相同，左右交互放入繩子內側編織，
以4條線進行編織因此會編成繩索狀。

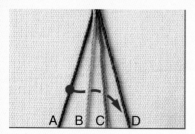

1.將四條線中，位於最左方的
線A通過線B、C下方，擺到C、D
之間。

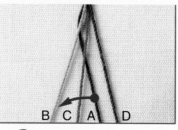

2.將線A由線C前方繞過，
放置到線C左邊位置。

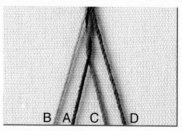

3.將繩子拉緊，使線A、C成
互相纏繞的狀態。

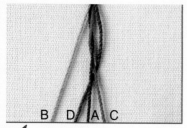

4.將做右方的線D通過線A、
C下方，擺到線A、B間。

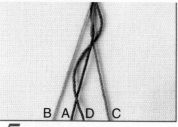

5.再將線D由線A前方繞過，
放置到線A右方位置。

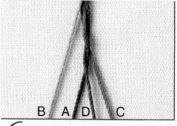

6.將繩子拉緊，使線A、D呈
互相纏繞的狀態。

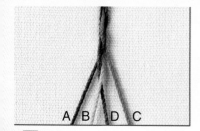

7.重複1～3步驟，將線B編織
進去。(圖為完成狀態)。

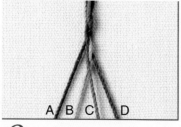

8.重複4～6步驟，將線C編
織進去。(圖為完成狀態)。

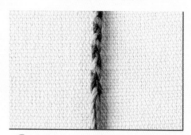

9.同樣的，每編織一個環節
都要邊拉緊，左右重複交疊編
織。

左右結
編織出細繩索狀的編織法。

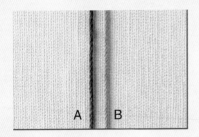

*1.*取2條繩子為中心，左為線A，右為線B。

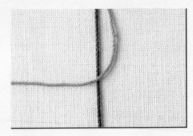

*2.*以線A為中心線，將線B放置在線A上。

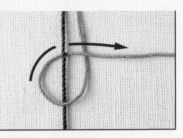

*3.*將線B由線A後方下過，並從右側形成的圓圈中穿出。

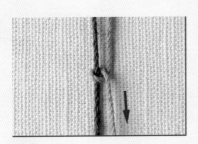

*4.*將線B拉緊。

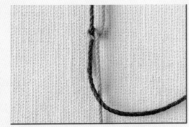

*5.*以線B為中心線，將線A放置在線B上。

*6.*將線A由線B下方繞過，並從左側形成的圓圈中穿出。

*7.*將線A拉緊。

*8.*一邊編一編調整結的大小，重複1～7步驟。

*9.*完成。

環狀結

編織完成的螺旋圖樣比旋結稍微平緩。

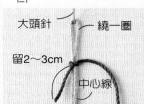

大頭針　繞一圈
留2～3cm
中心線

1.編織線左邊留2～3cm，在中心線上打單結。讓左邊剩餘的線頭順著中心線。

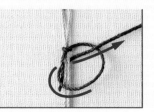

2.將右邊的編織線從中心線上方繞到中心線後方繞過，由右邊的編織線上方穿出。

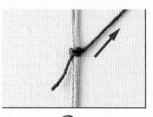

3.將線拉緊。

4.重複2～3步驟。結眼會旋轉，編織完成會自然形成螺旋狀。

纏繞結

只是繞著中心線，形成圓柱型的編織法。

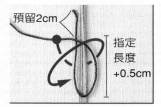

預留2cm
指定長度+0.5cm

1.編織線取預編織長度+0.5cm再反折，和中心線疊在一起，開始纏繞。

指定長度
多0.5cm
再反折

2.最後將編織線穿過先前預留的線圈。

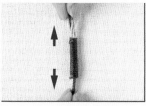

3.將上方預留的線頭向上拉，將下方的線圈拉進繞好的纏繞結當中。

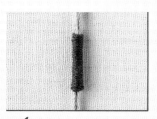

4.完成後將多餘的編織線剪掉。

梭編結

雖同是以環狀結的方法進行編織，完成狀態卻只有單側凹凸不平的編法。

中心線

1.將編織線從中心線上方繞到後方，再從右邊的編織線上方穿出。

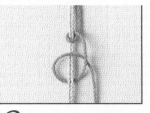

2.接著將編織線從中心線後方繞到前方，再從右側的編織線下方穿出。

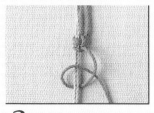

3.邊打結邊拉緊，重複步驟1～2。

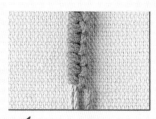

4.完成。

左旋結

和右旋結成反方向的螺旋狀編法。

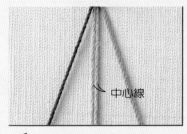

1.將編織線放置中心線的兩側。

中心線

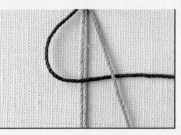

2.將左側編織線從中心線上方越過，再由右側編織線下方穿過。

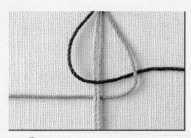

3.將右側編織線從中心線下方穿過。

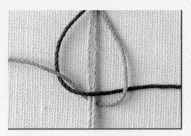

4.再由左側編織線形成的圓圈下方穿向前方。

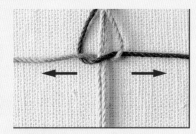

5.將左右兩條線以均等的力道往兩側拉緊。

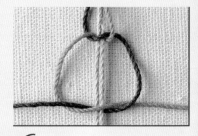

6.重複2～5步驟。

7.重複以上步驟，結眼會旋轉，自然形成螺旋狀。

8.每編織半個螺旋，就抓住中心線將結眼向上推實。

9.完成。

右旋結

比環狀結的螺旋捲度更高的編法。

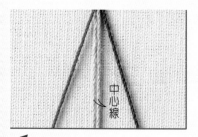

*1.*將編織線放置中心線的兩側。

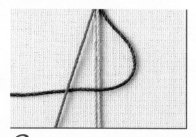

*2.*將右側的編織線從中心線上方越過，由左側編織線後方穿出。

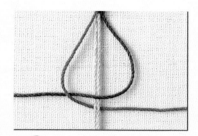

*3.*將左側的編織線從中心線後方穿過。

*4.*再由下往上從右側編織線形成的圓圈當中穿出。

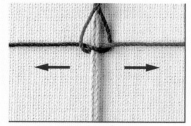

*5.*將左右兩條線以均等的力道往兩側拉緊。

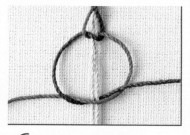

*6.*重複2～5步驟。

*7.*重複以上步驟，結眼會旋轉，自然形成螺旋狀。

*8.*每編織半個螺旋，就抓住中心線將結眼向上推實。

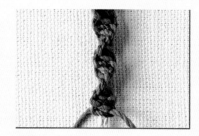

*9.*完成。

平結

右旋結和左旋結交互編織，則可編出平坦的平結。

1.將編織線放至於中心線的兩側。

2.將左側的編織線從中心線上方越過，由右側編織線後方穿出。

3.將右側的編織線從中心線後方穿過，左側編織線形成的圓當中由下往上穿出。

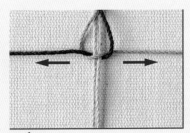

4.將左右兩條線以均衡的力道往兩側拉緊。

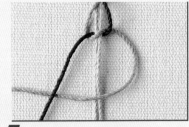

5.將右側的編織線從中心線上方越過，由左側編織線後方穿出。

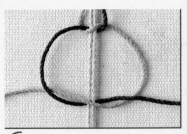

6.將左側的編織線從中心線後方穿過，由下往上的從右側編織線形成的圓圈當中穿出。

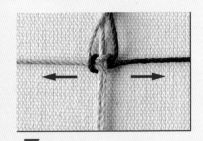

7.將左右兩條線以均等的力道往兩側拉緊。

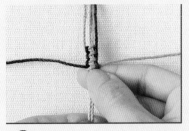

8.編織時，不時抓住中心線將結眼向上推實，重複2～7步驟。

9.完成。

雙層左旋結

使用4條編織線，為螺旋結的應用編法。結眼的螺旋共有兩層。

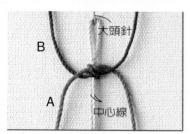

1. 依照「左旋結」的2～5步驟，先編A再編B。為了避免AB編織線纏住，先將B置於正上方。

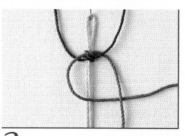

2. 用線A打左旋結。將左側的編織線從中心線上方越過，由右側編織線後方穿出。

3. 將右側的編織線從中心線後方穿過，由左側編織線形成的圓圈當中由下往上穿出。最後將左右兩條編織線拉緊。

4. 為了避免AB編織線纏住，先將A線置於正上方。

5. 用B線打左旋結。將左側的編織線從中心線上方越過，由右側編織線後方穿出。

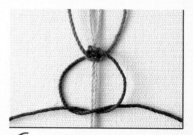

6. 將右側編織線從中心線後方穿過，由左側編織線形成的圓圈當中由下往上穿出。

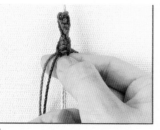

7. 重複2～7步驟。差不多編半個螺旋狀時，就抓住中心線將結眼往上推實。

8. 完成雙層左旋結。

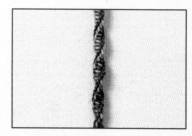

雙層右旋結

用AB線編織右旋結(請參閱P51)，可編出雙層右旋結。

圓柱四層結

將編織線編織成圓柱形的編法。
分為只使用四條編織線編成的「圓柱四層結」，以及配
合兩條中心線編成的「含中心線圓柱四層結」2種。

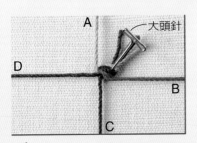

1. 將4條編織線往四個方向拉
開，擺成十字架形。

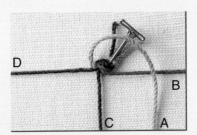

2. 將線A疊在線B上。

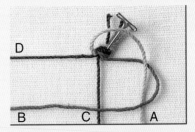

3. 將線B疊在線C上。

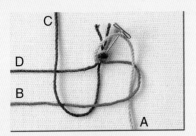

4. 將線C疊在線D上。

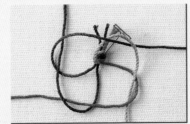

5. 將線D從線A形成的圓圈中
由上往下穿過。

6. 將4條線以均等的力道向外
拉緊。

7. 重複步驟2～6。

8. 完成。

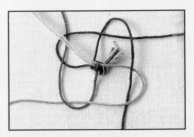

含中心線圓柱四層結
以中心線為中心點，繞著中心
線打圓柱四層結即可。

金屬組件的使用方法

圓環・C環

連接金屬組件以及其他組件時使用。

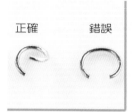

正確　　　錯誤

1.用2個尖嘴鉗夾住圓環(C環)的接縫兩側。

2.將左邊往靠自己身體的方向拉、右邊向外推,將接縫拉開。

3.左邊是正確的做法。右邊是往左右拉開,是錯誤的。因為往左右拉開會不容易闔上。

4.將組件從開口套進圓環(上圖以鍊子為例子)。將左邊往外推、右邊往內側拉便可將圓環闔上。

5.不留縫細,緊緊的將圓環闔上。

T針・9字針

穿過珠子後用工具扭彎,用來連接其他組件的金屬組件。

1.將9字針(T針)穿過珠子。

2.將露出珠子另外一側的部分折成90度角。(將針朝針頭同方向折)

3.留約7~8 mm,將其餘部分切除。

4.用圓鉗夾住針頭往內側捲。

5.將步驟2形成的90度角慢慢的拉回來,盡量把針頭捲成一個沒有空隙的圓圈。

整線組件
用於處理線頭的組件。可依照線的粗細選擇適合的組件。

整線組件

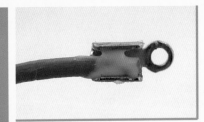

1.在線頭塗少許接著劑。

2.將整線組件靠在線頭上，用尖嘴鉗夾緊。

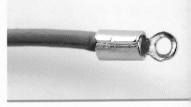

3.此圖為完成狀態。組件兩端重疊部分要壓緊。

螺旋式整線組件

1.在線頭塗少許接著劑。

2.將線頭插入螺旋式整線組件中。

3.將最尾端的螺旋稍微向內側壓緊。

短項鍊用金屬組件

1.在緞帶(繩子)尾端塗少許接著劑，並將整線夾靠上。

2.用尖嘴鉗夾緊整線夾。為了避免造成整線夾的損傷，可照上圖在尖嘴鉗貼上護條膠帶。

3.上圖為完成的狀態。兩端夾的力道盡量保持均衡才好看。